EXPLICATIONS

DES

ASSURANCES SUR LA VIE

Par M. Louis Bellet,

Auteur du PROPAGATEUR DES ASSURANCES CONTRE L'INCENDIE, du CODE DE LA FAMILLE, etc.

HUITIÈME ÉDITION.

—

Prix : 50 Centimes.

—

PARIS

CHEZ L'AUTEUR,

Rue Notre-Dame-des-Victoires, 40.

—

1860.

EXPLICATIONS

DES

ASSURANCES SUR LA VIE.

EXPLICATIONS

DES

ASSURANCES SUR LA VIE

Par M. Louis Bellet,

Auteur du PROPAGATEUR DES ASSURANCES CONTRE L'INCENDIE, du CODE DE LA FAMILLE, etc.

HUITIÈME ÉDITION.

PARIS

CHEZ L'AUTEUR,

Rue Notre-Dame-des-Victoires, 40.

—

1860

AU LECTEUR.

Les *Assurances sur la vie* sont une des plus ingénieuses applications de cette science qui, sous le nom d'Economie politique, se propose d'améliorer, par ses constantes recherches, la condition de toutes les classes de la société.

Ces assurances ont pour but général de recueillir les épargnes conquises par des habitudes d'ordre, de les mettre en sûreté, de les protéger contre les malheurs privés ou contre les tentations du besoin, de les faire fructifier par l'accumulation de leurs produits. Aussi se recommandent-elles à l'attention des hommes sérieux, des pères de famille, de tous ceux, en un mot, qui, guidés par la prévoyance, jettent leurs regards au delà du présent et veulent affranchir l'avenir de toute incertitude.

Tandis que, dans notre pays, les *Assurances sur la vie* sont encore dans leur enfance, elles sont entrées, en Angleterre, si profondément dans les mœurs, que le Royaume-Uni compte aujourd'hui (1859) plus de 175 Compagnies qui garantissent à des assurés des capitaux dépassant la somme énorme de *quatre milliards.* C'est que les Assurances, en Angleterre, où leur féconde création remonte aux premières années du dernier siècle (1), sont associées à toutes les transactions civiles et commerciales. Là, personne ne se marie, ne prend un état, ne se crée une industrie, personne n'entreprend un voyage sans avoir souscrit, au préalable, un contrat d'assurance.

Si les *Assurances sur la vie* se sont développées plus lentement en France, c'est que, sans répugner à nos mœurs, elles ne parlent pas assez à notre intelligence; c'est que leurs combinaisons, aussi ingénieuses que variées,

____

(1) La première ébauche du contrat d'assurance remonte, en Angleterre, à l'année 1706. L'institution des *Assurances sur la vie* n'a été introduite en France qu'en 1819.

et les ressources qu'elles présentent aux hommes prévoyants, ne sont peut-être pas encore suffisamment comprises.

Aussi, croyons-nous qu'il suffira d'expliquer le mécanisme des assurances, de propager la connaissance des divers contrats auxquels elles peuvent donner lieu, de mettre en lumière les services qu'elles sont appelées à rendre, non-seulement à la famille en en resserrant les liens, mais encore à la société entière, pour faire adopter parmi nous une Institution qui a produit chez nos voisins les plus merveilleux résultats. Il ne s'agit, après tout, pour notre pays, que de faire un nouveau pas dans la voie économique où la fondation des *Caisses d'épargne* et de la *Caisse des retraites et pensions viagères pour la vieillesse* l'ont déjà fait heureusement entrer.

CHAPITRE PREMIER.

DÉFINITIONS.

Nous avons souvent entendu demander autour de nous ce que c'était qu'une *assurance sur la vie*. Cette question ne nous a jamais étonné ; car ces mots, *assurance sur la vie*, sont loin d'offrir, au premier abord, un sens précis et suffisamment intelligible. Notre premier soin sera donc de définir ces *assurances*.

On sait que le propriétaire fait *assurer* sa maison contre l'incendie, afin d'être indemnisé des pertes que le feu lui occasionnerait ; on sait que l'armateur fait *assurer* contre les risques de la navigation ses navires et leurs cargaisons, afin de trouver, en cas de sinistre, une réparation du dommage qu'il éprouverait.

Or, les *assurances sur la vie* ont une analogie frappante avec les *assurances contre l'incendie* et les *assurances maritimes*. La vie d'un chef de famille n'est-elle pas, en effet, une valeur réelle, représentée par le fruit de son travail ? n'est-elle pas, s'il nous est permis de le dire, une propriété, aussi bien qu'une maison, qu'un navire ; propriété qu'il met en rapport, qu'il exploite par son intel-

ligence, et qui est peut-être le seul soutien
de sa femme et de ses enfants? Ceux-ci doivent éprouver une perte matérielle, lorsque
cette VIE, si précieuse pour eux, s'éteint; et,
c'est afin qu'ils aient moins à souffrir de cette
perte que le père de famille prévoyant fait
assurer sa VIE contre les dommages que sa
mort fera subir à ceux qui lui survivront.

Dans son acception la plus étendue, une
assurance sur la vie est donc un contrat par
lequel celui qui *s'assure* verse en une seule
fois, ou annuellement, sous le nom de *primes*, une somme plus ou moins élevée dans
la caisse d'une Compagnie *d'assureurs*, et obtient l'engagement que cette Compagnie
payera à sa mort, quelque rapproché qu'en
soit le terme, quelque imprévu que soit le
coup dont il puisse être frappé, un capital
plus ou moins considérable à sa veuve, à ses
enfants, ou à toute autre personne qu'il aura
désignée.

L'homme qui signe un contrat de ce genre,
le plus noble, le plus désintéressé de tous, a
réfléchi que la mort peut l'enlever à tout
âge. Il se sent inquiet, surtout s'il vit de son
travail, sur le sort de ceux qui lui sont chers;
il craint de les laisser après lui dans une position précaire, peut-être dans la gêne. Une
assurance sur la vie lui permet de répondre à
sa sollicitude et aux inspirations de son cœur.
Cet homme, d'ailleurs, à défaut de famille,

veut peut être satisfaire de généreux penchants, obliger un ami, récompenser un serviteur. La somme produite par l'*assurance* qu'il aura contractée, payera à sa mort la dette de la reconnaissance ou de l'amitié.

Dira-t-on que, sans faire *assurer sa vie*, un père de famille peut accroître son héritage, et atteindre ainsi le même but par des économies successives et un travail opiniâtre ? En admettant cette hypothèse, a-t-on calculé le nombre d'années qui lui seront nécessaires pour créer, par des épargnes sagement amassées, un capital un peu considér-ble ? Vingt-cinq années d'économies. nous dirons même de privations, lui suffiraient à peine pour laisser à sa famille une somme qu'un contrat d'*assurance* lui garantira dès le moment où il aura payé la première prime.

EXEMPLE.

Un homme de trente ans, pour *assurer sur sa vie*, c'est-à-dire pour laisser à sa mort 10,000 fr., doit payer à la Compagnie qui l'assure 249 fr. par an. Pour se créer un capital égal. en plaçant. chaque année, à intérêt, une économie de 249 fr. et en laissant même s'accumuler les intérêts des intérêts, ce même homme aurait besoin de vivre plus de vingt-quatre années. Eh bien! au moyen d'une *assurance*, s'il succombe avant ce terme, s'il meurt quelques jours même après avoir signé son contrat, il n'aura payé qu'une somme fort modique, qu'une seule prime peut-être de 249 fr., et il transmettra néanmoins à sa famille une somme de 10,0 0 fr.

Que ce même homme, sans avoir ainsi recours à une *assurance sur la vie*, demande à obtenir 10,000 fr. après sa mort, moyennant le payement annuel de 249 fr. pendant sa vie; il ne trouvera personne qui veuille accepter sa proposition, personne qui veuille courir cette chance. On le prendra pour un fou ou pour un faiseur de dupes.

Les *assurances sur la vie* sont loin, au surplus, d'être circonscrites dans les limites que nous venons de tracer. Variées à l'infini, elles sont susceptibles d'applications nombreuses; elles peuvent s'approprier à toutes les positions, à toutes les circonstances, à toutes les fortunes; elles satisfont les besoins matériels comme elles répondent aux besoins moraux. Aussi n'est-il aucune classe de la société qui ne puisse en recueillir les bienfaits. C'est ce que nous démontrerons plus loin.

CHAPITRE II.

DIVISION EN TROIS CLASSES DES ASSURANCES SUR LA VIE.

Les *Assurances sur la vie* se divisent en trois classes.

Dans l'une, la Compagnie garantit un capital ou une rente payables à la *mort de l'assuré*, à sa veuve, à ses enfants, à ses héritiers, légataires, créanciers, ou à toutes autres personnes, au choix de cet *assuré*.

Cette assurance porte la dénomination d'ASSURANCE EN CAS DE MORT. Ce ne sera, en effet, qu'au jour du décès de l'assuré que la Compagnie devra payer le capital ou la rente qu'elle s'est engagée à fournir par le contrat intervenu entre elle et lui.

Dans la seconde classe, la Compagnie prend avec l'*assuré* un engagement qui doit profiter directement à cet *assuré, de son vivant*, et qui ne peut être avantageux que pour lui, puisque, s'il meurt, la *Compagnie* n'a plus d'obligations à remplir.

On donne à cette classe le nom d'ASSURANCE EN CAS DE VIE. Ce ne sera donc qu'autant que l'*assuré* sera vivant qu'il recueillera le fruit de son *assurance*.

Dans la troisième classe enfin, qui a reçu le nom d'ASSURANCES A TERME FIXE, la Compagnie s'oblige à payer à une époque convenue d'avance, un capital à l'*assuré lui-même*, s'il vit au terme indiqué, ou à ses *héritiers*, s'il meurt avant ce terme moyennant une prime annuelle que cet assuré n'acquitte que pendant sa vie.

CHAPITRE III.

Assurances en cas de mort.

L'assurance en cas de mort, qui, comme nous venons de le dire, ne produit son effet que lors du décès de *l'assuré*, peut être contractée de quatre manières :

1° Ou pour toute la durée de l'existence de *l'assuré*; on la nomme alors *assurance pour la vie entière ;*

2° Ou pour un temps limité ; elle prend alors le nom d'*assurance temporaire ;*

3° Ou au profit d'une personne désignée à l'avance par *l'assuré*, mais seulement pour le cas où cette personne *survivrait à l'assuré ;* on appelle une assurance semblable *assurance de survie.*

4° Ou de telle sorte que l'assurance profite à l'assuré lui-même ou à ses héritiers ; on désigne cette assurance sous le nom d'*assurance mixte.*

Quelques explications, appuyées sur des exemples, rendront sensibles ces divers modes d'*assurances en cas de mort.*

CHAPITRE IV.

ASSURANCES POUR LA VIE ENTIÈRE.

L'assurance pour la vie entière est un contrat par lequel la Compagnie s'engage à payer, lors du décès de l'assuré, à quelque époque qu'il ait lieu, un capital déterminé à ses héritiers ou ayants droit. Pour prix de ce contrat, l'*assuré* paye à la *Compagnie d'assurances*, pendant toute la durée de sa vie, une prime annuelle, qui, fixée d'avance en raison de son âge (1) et de la somme qu'il veut laisser après lui, demeure invariable jusqu'au terme du contrat.

EXEMPLE.

M. Amyot, âgé de trente-cinq ans, contracte une assurance dans le but de laisser à sa mort la somme de 25,000 fr. La prime qu'il doit payer chaque année, pendant toute la durée de sa vie, sera, eu égard à son âge et à la somme garantie, de 710 fr. Maintenant, que cet assuré meure après avoir payé un nombre de primes plus ou moins considérable, ou qu'il meure le lendemain même de l'assurance, c'est-à-dire après n'avoir versé qu'une seule prime de 710 fr., les 25,000 fr. sont, *dans tous les cas*, acquis à ses héritiers.

Les *Compagnies d'assurances* rendent donc au jour de la mort de l'assuré, à ceux que la nature ou que sa volonté lui a substitués, une somme hors de toute proportion avec sa mise. Nous aurons l'occasion d'expliquer par quelles combinaisons ces Compagnies peuvent arriver à ce résultat.

(1) On conçoit que cette prime s'accroisse avec l'âge de l'*assuré*. En effet, les assureurs devant exécuter leur engagement à *la mort de l'assuré*, plus celui-ci approche du terme de sa carrière, plus les assureurs courent de risques.

La personne qui s'assure pour sa vie entière doit payer chaque année, pendant sa vie, pour chaque somme de 100 francs qu'elle veut laisser à son décès, les primes suivantes :

AGE de L'ASSURÉ.	PRIME ANNUELLE.	AGE de L'ASSURÉ.	PRIME ANNUELLE.
21 ans.	2 f. 01 c.	41 ans.	3 f. 38 c.
22	2 06	42	3 50
23	2 11	43	3 61
24	2 16	44	3 74
25	2 21	45	3 87
26	2 26	46	4 01
27	2 32	47	4 16
28	2 37	48	4 31
29	2 43	49	4 48
30	2 49	50	4 66
31	2 55	51	4 84
32	2 62	52	5 04
33	2 69	53	5 25
34	2 76	54	5 47
35	2 84	55	5 71
36	2 92	56	5 96
37	3 00	57	6 23
38	3 09	58	6 51
39	3 18	59	6 81
40	3 28	60	7 13

Au lieu de payer à la Compagnie, sa vie durant, une prime annuelle, l'assuré peut s'affranchir de cette charge en consentant à acquitter, pendant 10, 15 ou 20 ans, à son choix, c'est-à-dire *temporairement*, une prime plus forte (1).

Cette prime sera naturellement d'autant plus élevée que l'assuré voudra réduire le nombre d'années à l'expiration desquelles il n'aura plus de primes à verser en échange du capital que la Compagnie doit payer à sa mort.

Un homme qui contracte une assurance dans la force de l'âge, et que les revenus de sa profession ou que les produits de son industrie mettent à même de s'imposer un semblable sacrifice, préférera, pour le payement de ses primes, ce mode de libération.

L'annuité, tout importante qu'elle est, et que l'assuré payera, pendant vingt années par exemple, lui paraîtra moins onéreuse, à cette époque de la vie, où les forces sont plus grandes, où l'on travaille avec plus d'activité qu'une prime moins forte, il est vrai, mais qu'il devrait payer pendant sa vie entière, alors même que l'âge ne lui permettrait plus de se créer les mêmes ressources.

---

(1) Cette assurance peut être contractée pour tout autre nombre d'années intermédiaires entre 10 et 20 ans.

2

La personne qui s'assure pour la vie entière, mais qui désire se libérer de ses primes en 10 ans, 15 ans ou 20 ans, doit verser annuellement, pendant chacune de ces périodes, et pour chaque somme de 100 fr. qu'elle veut laisser à son décès, les primes suivantes :

AGES.	PRIME ANNUELLE pendant 10 années.	PRIME ANNUELLE pendant 15 années.	PRIME ANNUELLE pendant 20 années.
21	4 f. 35 c.	3 f. 28 c.	2 f. 76 c.
22	4 43	3 33	2 81
23	4 51	3 39	2 86
24	4 59	3 45	2 91
25	4 66	3 51	2 97
26	4 74	3 58	3 02
27	4 82	3 64	3 08
28	4 90	3 70	3 13
29	4 98	3 76	3 19
30	5 06	3 83	3 24
31	5 16	3 91	3 31
32	5 23	3 96	3 37
33	5 32	4 04	3 43
34	5 42	4 11	3 50
35	5 51	4 19	3 57

AGES.	prime annuelle pendant 10 années.		prime annuelle pendant 15 années.		prime annuelle pendant 20 années.	
36	5 f.	61 c.	4 f.	26 c.	3 f.	64 c.
37	5	71	4	35	3	71
38	5	82	4	43	3	79
39	5	93	4	52	3	88
40	6	04	4	62	3	96
41	6	16	4	72	4	06
42	6	28	4	82	4	15
43	6	41	4	93	4	26
44	6	55	5	04	4	37
45	6	69	5	16	4	48
46	6	83	5	29	4	60
47	6	98	5	42	4	73
48	7	14	5	56	4	87
49	7	31	5	71	5	02
50	7	48	5	86	5	17
51	7	66	6	03	5	34
52	7	85	6	20	5	51
53	8	04	6	38	5	70
54	8	05	6	57	5	89
55	8	46	6	78	6	10
56	8	69	6	99	6	33
57	8	92	7	22	6	57
58	9	17	7	47	6	83
59	9	42	7	72	7	10
60	9	70	8	»	7	40

CHAPITRE V.

ASSURANCES TEMPORAIRES.

L'*assurance temporaire* est un contrat par lequel la Compagnie s'engage à payer une somme au décès de l'*assuré*, aux personnes qu'il aura désignées, si ce décès a lieu dans l'intervalle déterminé d'un an, cinq ans, dix ans, ou de tout autre nombre d'années.

Si cette *assurance* est faite pour dix années, par exemple, et que, la dixième année expirée, l'*assuré* soit vivant, la Compagnie est libérée de son engagement, et les primes qu'elle a reçues lui demeurent acquises en échange du risque qu'elle a couru.

EXEMPLE.

Un homme laborieux, qui exerce une profession lucrative ou qui est à la tête d'une entreprise avantageuse, se croit certain de pouvoir acquérir dans un temps donné, dans dix ans, par exemple, un capital nécessaire pour mettre sa famille à l'abri du besoin. Mais il réfléchit que si la mort venait à le surprendre, il perdrait le fruit de ses travaux, et qu'il laisserait peut-être sa veuve, ses enfants dans une situation précaire. Pour prévenir ce malheur, il a recours à une *assurance temporaire*. Il fait assurer sur sa vie pour une période de dix années, une somme de quelque importance, 50,000 fr., par exemple. S'il est âgé de quarante ans, il payera annuellement une prime de 1,060 fr.

Si l'assuré survit à cet espace de temps, il aura dépensé sans profit, il est vrai, une certaine somme; mais, au bout de ces dix années, il aura sans doute réalisé ses espérances. S'il meurt, au contraire, pendant cette même période, il laissera à ses héritiers le bénéfice de son assurance, c'est-à-dire 50,000 fr. achetés par un payement en primes qui n'aura pu excéder de 9 à 10,000 fr.

Moins coûteuse que l'assurance pour *la vie entière*, l'assurance *temporaire* se plie à toutes les combinaisons. Elle facilite un grand nombre de transactions et principalement les emprunts ; car elle présente au prêteur, ainsi que nous aurons l'occasion de l'expliquer plus tard, un moyen certain d'être remboursé de son débiteur, si celui-ci meurt avant de s'être libéré.

— 22 —

La personne qui s'assure pour un an, cinq ans ou dix ans, doit payer annuellement, pendant la durée de chacune de ces périodes, et par chaque somme de 100 francs qu'elle veut laisser à son décès, les primes suivantes :

AGES.	POUR 1 AN.	POUR 5 ANS.	POUR 10 ANS.
21	1 f. 22 c.	1 f. 30 c.	1 f. 37 c.
22	1 26	1 34	1 41
23	1 30	1 37	1 45
24	1 34	1 41	1 48
25	1 38	1 45	1 52
26	1 42	1 48	1 55
27	1 46	1 51	1 58
28	1 48	1 54	1 61
29	1 52	1 58	1 64
30	1 55	1 61	1 68
31	1 58	1 64	1 71
32	1 61	1 67	1 75
33	1 64	1 70	1 78
34	1 67	1 74	1 82
35	1 71	1 77	1 86

AGES.	POUR 1 AN.	POUR 5 ANS.	POUR 10 ANS.
36	1 f. 74 c.	1 f. 81 c.	1 f. 91 c.
37	1 77	1 85	1 95
38	1 81	1 89	2 01
39	1 85	1 94	2 06
40	1 89	1 99	2 12
41	1 94	2 04	2 19
42	1 99	2 10	2 26
43	2 04	2 16	2 34
44	2 10	2 23	2 43
45	2 16	2 31	2 53
46	2 24	2 40	2 63
47	2 31	2 49	2 75
48	2 40	2 59	2 87
49	2 49	2 70	3 01
50	2 60	2 82	3 15
51	2 71	2 96	3 31
52	2 83	3 10	3 49
53	2 96	3 26	3 68
54	3 11	3 43	3 88
55	3 27	3 62	4 10
56	3 44	3 82	4 34
57	3 63	4 04	4 60
58	3 84	4 28	4 88
59	4 06	4 54	5 18
60	4 30	4 82	5 50

CHAPITRE VI.

ASSURANCES DE SURVIE.

L'assurance de survie est un contrat par lequel la Compagnie s'engage à payer un capital ou à servir une rente à une personne désignée par *l'assuré*, mais seulement dans le cas où cette personne, qui doit avoir le bénéfice de l'assurance, survivrait à l'assuré.

EXEMPLE.

M. Laurent voulut laisser à sa femme, dans le cas où il mourrait avant elle, une somme de 20,000 fr., afin de lui garantir une position indépendante. Il s'adressa à une *Compagnie d'assurances* qui s'engagea à payer ce capital à sa femme, *si elle lui survivait*, à la charge par lui de payer annuellement une prime de 580 fr. Cette prime était calculée, 1° sur l'importance du capital; 2° sur l'âge du mari, qui avait alors 40 ans; 3° enfin, sur l'âge de sa femme, âgée de 30 années. Mᵐᵉ Laurent reçut, au jour même du décès de son mari, et après l'accomplissement des plus simples formalités, les 20,000 fr. promis par la *Compagnie d'assurances*.

Si Mᵐᵉ Laurent, au profit de qui l'assurance avait été faite, fût morte avant son mari, la Compagnie eût acquis les primes qui lui auraient été versées, et toute obligation cessait de part et d'autre.

On verra par les deux tarifs qui suivent que les primes à payer sont très-réduites quand la personne qui doit profiter de l'assurance est plus âgée que la personne dont la vie est assurée.

Assurance d'un capital de 100 fr. payable lors du décès de l'Assuré, au profit du Survivant.

AGE du survivant désigné	AGE de l'assuré.	PRIME unique.	PRIME annuelle.
10 ans.	30	30 f. 69 c.	2 f. 19 c.
	40	38 58	3 02
	50	48 37	4 39
	60	60 43	6 88
20 ans.	30	28 38	2 13
	40	36 18	2 95
	50	45 98	4 31
	60	58 17	6 80
30 ans.	30	26 57	2 09
	40	34 25	2 90
	50	44 21	4 27
	60	56 68	6 77
40 ans.	30	22 56	1 91
	40	29 81	2 69
	50	40 03	4 05
	60	53 32	6 57
50 ans.	30	18 41	1 78
	40	24 45	2 47
	50	33 99	3 77
	60	47 75	6 29
60 ans.	30	13 85	1 66
	40	18 24	2 23
	50	25 88	3 41
	60	38 70	5 82

Assurance de 100 fr. de rentes, payable sur la tête du Survivant désigné.

AGE du survivant désigné	AGE de l'assuré.	PRIME unique.		PRIME annuelle.	
10 ans.	30	488 f.	86 c.	34 f.	93 c.
	40	610	25	47	75
	65	785	89	71	29
	60	1,010	09	115	02
20 ans.	30	408	86	30	61
	40	516	67	42	09
	50	678	09	63	60
	60	888	83	103	90
30 ans.	30	330	62	25	99
	40	422	30	35	79
	50	567	87	54	90
	60	765	50	91	49
40 ans.	30	248	73	21	07
	40	319	02	28	75
	50	440	47	44	58
	60	617	40	76	11
50 ans.	30	167	37	16	17
	40	213	51	21	61
	50	300	96	33	42
	60	442	33	58	26
60 ans.	30	97	75	11	65
	40	123	01	15	16
	50	174	90	23	04
	60	269	12	40	47

L'Assurance de survie présente au plus haut degré le caractère de moralité qui distingue les assurances sur la vie.

Beaucoup d'hommes nourrissent par leur travail de vieux parents, une sœur, un père incapables de pourvoir à leurs besoins. Mais ils peuvent craindre que ces tendres objets de leur affection ne soient, à leur mort, privés de toutes ressources. Une assurance de survie écartera ce danger et répondra à leur sollicitude.

Quel plus noble emploi un fils peut-il faire de ses économies, que de contracter, au profit de sa vieille mère, une *assurance de survie?* De quelle triste pensée ne sera-t-il pas délivré? Il a trente ans, et sa mère est parvenue à sa soixantième année; eh bien! qu'il paye annuellement une prime de 116 fr., et il garantira à sa mère, pour le cas où il mourrait avant elle, une rente viagère de 1,000 francs.

CHAPITRE VII.

ASSURANCES MIXTES.

Cette assurance présente ce caractère tout particulier, qu'elle profite, soit à l'assuré, soit à ses héritiers.

En effet, les Compagnies garantissent à l'assuré, moyennant une prime annuelle, un capital déterminé s'il vit après un nombre d'années convenu d'avance; meurt-il, au contraire, avant cette époque, c'est-à-dire pendant le cours de l'assurance, les primes cessent d'être dues, et ses ayants droit touchent le capital assuré.

Dans certaines Compagnies le capital est payé aux héritiers de l'assuré *immédiatement* après son décès. D'autres Compagnies pratiquent différemment les *assurances mixtes*, en ce sens que le capital, au lieu d'être payé aux héritiers de l'assuré aussitôt le décès de celui-ci, ne devient exigible qu'à l'époque où il aurait été payé à l'assuré lui-même, s'il eût vécu à l'expiration de la durée fixée pour l'assurance. Dans le premier cas, les primes sont naturellement plus élevées puisque la somme garantie est payable par la Companie, alors même que l'assuré viendrait à décéder dès la première année de la souscription.

Dans les deux exemples qui vont suivre on a supposé, pour l'indication des primes, l'hypothèse du payement *immédiat* au moment où l'assuré vient à décéder.

EXEMPLE.

Un homme de 30 ans souscrit une *Assurance mixte* de 20,000 fr., payable à lui-même après 20 ans. La prime annuelle sera de 902 fr. S'il vit à 50 ans, il recueille le fruit des sacrifices qu'il s'est imposés; s'il meurt avant l'expiration des vingt années, après n'avoir payé peut-être qu'un petit nombre de primes, ses héritiers recevront de suite les 20,000 fr.

Nous appelons tout particulièrement l'attention des personnes mariées sur l'*Assurance mixte*, qui présente le moyen le plus efficace pour constituer la dot d'une fille, pour créer un capital destiné à l'établissement d'un jeune homme.

Ainsi, par exemple, un père de famille, âgé de trente ans, désire préparer les moyens de donner une dot à sa fille, âgée de deux ans. Il suppose qu'elle se mariera à 19 ans. Il a recours alors à une *Assurance mixte* et s'assure pour une somme de 20,000 francs, payable à lui-même dans 17 ans, moyennant la prime annuelle de 1,064 francs. — S'il vit au terme indiqué, c'est-à-dire lorsqu'il aura 47 ans, il reçoit la somme assurée.—S'il meurt dans le courant de l'assurance, n'eût-il acquitté qu'une seule prime, cette même somme est payée immédiatement à sa famille. — Que le père de famille qui a souscrit cette assurance meure ou vive, son but est donc toujours atteint.

Les conditions de l'*Assurance mixte* sont aussi libérales que possible; l'assuré qui ne veut ou ne peut plus poursuivre son assurance n'est pas, pour cela, déchu de tous ses droits. Le cas échéant, le capital assuré est réduit dans la proportion du nombre de primes payées, relativement à celui stipulé dans le contrat. Ainsi, par exemple, en supposant une assurance de 20,000 francs, devant exiger le payement de 20 primes, ou annuités, pour arriver à son terme, chacune des primes assurera un vingtième du capital, ou 1,000 fr.

$$\text{S'il n'a été payé que. . .} \begin{cases} 5 \text{ primes, la police se trouvera réduite à. . . . . } 5,000 \text{ fr.} \\ 10 \qquad — \qquad\qquad — \qquad 10,000 \\ 15 \qquad — \qquad\qquad — \qquad 15,000 \end{cases}$$

Si l'assuré le préfère, il reçoit comptant la valeur de son contrat, sous l'escompte de 4 0/0 l'an, eu égard au temps qui reste à courir pour arriver à l'échéance de sa police.

CHAPITRE VIII.

COMMENT LES COMPAGNIES D'ASSURANCES PEUVENT REMPLIR LES ENGAGEMENTS QU'ELLES CONTRACTENT.

Nous avons dit, en exposant les différentes combinaisons auxquelles se prêtent les *assurances en cas de mort*, que les Compagnies rendaient aux héritiers de l'assuré des sommes « *hors de toute proportion* » avec les primes que cet assuré pouvait avoir payées jusqu'à sa mort. Il nous reste à expliquer par quel mécanisme, si nous pouvons nous exprimer ainsi, les *Compagnies d'assurances* peuvent se montrer si libérales.

Les capitaux que les Compagnies payent à la mort des assurés ne proviennent que du montant des primes versées par ceux-ci et des intérêts accumulés que le placement des primes produit.

Maintenant, comment une *Compagnie* peut-elle donner 10,000 fr., par exemple, aux héritiers d'un assuré qui, ayant contracté une assurance à trente ans, n'aura peut-être versé, à sa mort, dans la caisse de la Compagnie, que quatre ou cinq primes de 249 fr. (1) (soit 996 fr. ou 1,245 fr.)? C'est que d'autres assurés, dépassant le terme moyen de la vie, payent en primes, jusqu'à leur décès, une somme supérieure à celle qu'ils se proposent de laisser après eux. La Compagnie, dans ce cas, reçoit de ces assurés plus d'argent qu'elle ne doit en rembourser à son tour ; elle est donc en possession d'un excédant. Or, cet excédant sert précisément à combler la différence qui existe entre la faible somme que certains assurés, morts prématurément, auront payée en primes, et le capital que la Compagnie a garanti.

On voit par ce qui précède que les *Compagnies d'assurances* ne remplissent que le rôle de répartiteurs, réunissant en un fond commun toutes les sommes qu'elles touchent, et payant aux héritiers des assurés, entrés ainsi dans une espèce d'association, un capital fixé par le contrat d'assurance.

Toutefois, la plupart des Compagnies, en introduisant dans le système des *assurances sur la vie* tous les perfectionnements que les

(1) Voir page 11.

Compagnies anglaises ont depuis longtemps adoptés, ne se bornent pas à ce simple rôle. Elles répondent, en outre, aux sacrifices que s'imposent plusieurs classes d'assurés, en offrant à ceux-ci des avantages qui ont donné au contrat d'assurance une valeur toute nouvelle.

CHAPITRE IX.

AVANTAGES ACCORDÉS PAR LES COMPAGNIES A CERTAINES CLASSES D'ASSURÉS.

1º Les Compagnies accordent, plus particulièrement aux *assurés pour la vie entière*, une participation dans leurs bénéfices ;

2º Elles reconnaissent que tout contrat d'assurance a, au gré de l'assuré, une valeur réalisable et pour laquelle elle sera toujours prête à le racheter;

3º Elles stipulent qu'à défaut de payement de la prime, après un certain nombre d'années révolues, la police (on nomme ainsi le contrat d'assurance) n'est pas annulée ; mais qu'elle est simplement réduite dans la proportion des sommes versées ;

4º Elles consentent à prêter à l'assuré la somme qu'il désire obtenir, jusqu'à concurrence de la valeur de son contrat ;

5° Elles autorisent les assurés à payer leurs primes par semestre et même par trimestre.

I. PARTICIPATION DANS LES BÉNÉFICES DE LA COMPAGNIE.

Lorsque le compte des bénéfices de la Compagnie est établi aux époques déterminées par son Conseil d'administration, chaque assuré qui a droit à la participation reçoit la quote part qui lui est dévolue :

Ou en *argent comptant ;*

Ou en *une augmentation du capital garanti ;* c'est-à-dire, dans ce cas, qu'en se bornant à payer annuellement la prime fixée dans son contrat, l'assuré voit s'accroître successivement le capital que la Compagnie doit payer à sa mort ;

Ou en *une réduction sur les primes à payer;* c'est-à-dire que le capital garanti par la Compagnie restant le même, la prime annuelle à payer par l'assuré s'abaisse graduellement et peut même s'éteindre complétement.

Voilà, en termes généraux, en quoi consiste la *participation;* voici maintenant les avantages qu'elle présente.

———

Cette *participation* offre aux *assurés pour la vie entière* d'incontestables avantages.

3

Si, dans une assurance contractée pour la *vie entière*, par exemple, l'assuré meurt avant le terme moyen des hommes de son âge, il aura fait évidemment une opération avantageuse pour sa famille : celle-ci, en échange de quelques primes payées, recueillera peut-être un capital considérable. Mais si la vie de l'assuré s'étend au delà de ce terme moyen, l'assurance lui devient onéreuse. D'une part, il est exposé à payer en primes une somme égale ou même supérieure au capital qu'il laissera à son décès : d'une autre part, il peut craindre que, ses ressources diminuant avec ses forces, il ne soit pas toujours à même de subvenir au payement de sa prime.

La PARTICIPATION dans les bénéfices de la Compagnie obvie à ces inconvénients.

Supposons, en effet, que la vie de l'assuré se prolonge et qu'il continue à payer annuellement la prime fixée au moment de son assurance : il ne regrette plus le payement de cette prime, puisque les répartitions successives auxquelles il a droit jusqu'à sa mort, dans une part des bénéfices de la *Compagnie*, lui permettent d'espérer que le capital qu'il a voulu constituer sera doublé et triplé même au moment de son décès. Dans ce cas, la prime à payer ne varie pas ; elle est toujours exigible ; mais l'assurance acquiert une plus grande valeur.

Admettons maintenant que cet assuré ne

veuille pas augmenter le capital ou la rente garantis par la *Compagnie*, ou que l'acquittement de la prime soit devenu pour lui une charge onéreuse : les bénéfices résultants de la *participation* viendront alors en déduction de cette prime. Dans ce cas, la somme assurée ne s'accroît pas, mais la prime diminue et peut, un jour, s'éteindre entièrement.

Ainsi, dans les Compagnies *d'assurances sur la vie*, en Angleterre, un nombre immense d'assurés, sont affranchis depuis longtemps, par suite de la PARTICIPATION, du payement des primes qu'ils devaient acquitter en échange du capital qui leur est garanti.

La PARTICIPATION se résume donc, au choix de l'assuré, dans ces deux termes : élévation progressive du montant de l'assurance, ou abaissement graduel de la prime, et cela au choix de l'assuré qui pourra toujours régler son option d'après les convenances et les nécessités de sa position.

II.— RACHAT PAR LA COMPAGNIE DU CONTRAT D'ASSURANCES.

III. — SIMPLE RÉDUCTION DE L'ASSURANCE A DÉFAUT DU PAYEMENT DE LA PRIME.

Les Compagnies en accordant à *l'assuré pour la vie entière* la faculté de résilier sa police, pourvu qu'elle ait au moins trois ans de date, et en offrant de racheter elle-même, au comptant, ces polices ainsi résiliées, d'après un *tarif annexé à la police même*, les Compagnies, disons-nous, ont fait du contrat d'assurance une valeur réalisable et lui ont donné un caractère tout nouveau.

L'assuré ne craindra plus que ses économies soient totalement perdues, s'il était forcé un jour de renoncer au payement de sa prime, ou si des revers inattendus le mettaient dans la nécessité de tirer parti de ce qu'il possède; puisque, du moment où son contrat lui deviendrait onéreux, la Compagnie serait toujours prête à en opérer le rachat. Il rentrerait alors dans une portion des sommes qu'il aurait précédemment versées.

EXEMPLE.

Un négociant a souscrit à trente ans une assurance de 40,000 fr. payables à sa mort, moyennant une prime annuelle de 996 fr.

Désormais, la Compagnie est engagée à rembourser 40,000 fr. aux héritiers de cet assuré, quelle que soit l'époque de sa mort, et quand bien même, à cette époque, il n'aurait encore payé qu'un petit nombre de primes.

Dix ans après, ce négociant, qui a payé 9.960 fr., se trouve dans l'impossibilité d'acquitter dorénavant ses primes. La Compagnie lui rachète sa police *au comptant*, s'il a besoin d'argent, et lui paye, pour prix de ce rachat, 4,056 fr. La différence entre cette somme qui lui est rendue et celle de 9,960 fr., montant des primes qu'il a versées, est acquise à la Compagnie en échange du risque qu'elle a couru pendant la durée de l'assurance et dont elle doit trouver la compensation.

Prix du rachat d'une Assurance de 100 fr., après un nombre d'années pendant lequel les primes ont été payées.

AGE à la date de la POLICE	APRÈS 3 ans.	APRÈS 5 ans.	APRÈS 7 ans.	APRÈS 10 ans.	APRÈS 15 ans.	APRÈS 20 ans.	APRÈS 25 ans.	APRÈS 30 ans.
30	2.76	7.43	6.80	10.14	16.38	23.40	31.04	39.02
32	2.96	5.08	7.32	10.94	17.62	25.07	33.03	41.24
34	3.20	5.49	7.92	11.82	18.57	26.81	35.08	43.48
36	3.47	5.95	8.58	12.77	20.40	28.63	37.18	45.70
38	3.76	6.45	9.28	13.79	21.89	30.49	39.29	47.94
40	4.09	7.00	10.05	14.87	22.44	32.39	41.42	50.13
42	4.44	7.59	10.86	16.00	25.02	34.32	43.52	52.25
44	4.81	8.19	11.70	17.16	26.63	36.23	45.59	54.26
46	5.20	8.83	12.57	18.36	28.27	38.16	47.62	56.12
48	5.60	9.50	13.47	19.58	29.91	40.05	49.56	57.74
50	6.03	10.18	14.41	20.84	31.56	41.92	51.38	58.94
52	6.47	10.88	15.35	22.10	33.20	43.73	53.00	

A défaut du payement de la prime dans le délai fixé par le contrat, et pourvu que ce contrat remonte au moins à trois années, les Compagnies, au lieu de déclarer la police nulle, stipulent seulement que la somme assurée demeurera réduite dans la proportion déterminée par un tarif *annexé à la police même*, l'assuré, dans ce cas, n'étant plus tenu à aucun versement pour les années à venir.

EXEMPLE.

Un assuré qui a souscrit, à trente ans, une assurance de 40,000 francs, payable à sa mort, cesse, au bout de dix ans de payer la prime annuelle de 996 fr. qu'il devait acquitter. Il demeure assuré, non plus pour un capital de 40,000 fr., puisqu'il cesse d'acquitter ses primes, mais pour un capital de 9,620 fr. somme à peu près égale à celle payée par lui en primes pendant les dix années écoulées. Les sacrifices qu'il s'est imposés ne sont pas perdus; il a créé une nu propriété qui n'est plus soumise à aucune charge, c'est-à-dire pour laquelle il ne payera plus aucune prime; et il sera encore libre de tirer parti du capital promis pour le jour de son décès, de le réaliser à son profit, de l'escompter au gré de ses nouvelles convenances.

Somme à laquelle se réduit une Assurance de 100 fr. à défaut de payement de la prime après un certain nombre d'années révolues.

AGE à la date de la POLICE.	APRÈS 3 ans.	APRÈS 5 ans.	APRÈS 7 ans.	APRÈS 10 ans.	APRÈS 15 ans.	APRÈS 20 ans.	APRÈS 25 ans.	APRÈS 30 ans.
30	7.34	12.16	16.95	24.05	35.60	46.49	56.38	65.08
32	7.61	12.66	17.64	25.05	36.96	48.03	57.94	66.56
34	7.96	13 23	18.46	26.13	38.37	49.58	59.49	67.99
36	8.35	13.86	19.31	27.26	39.79	51.10	60.98	69.37
38	8.77	14.53	20.17	28.40	41.20	52.59	62.42	70.68
40	9.19	15.21	21.07	29.54	42.57	54.02	63.78	71.91
42	9.64	15.90	22.02	30.59	43.90	55.38	65.08	73.05
44	10.07	16.56	22.82	31.74	45.15	56.67	66.29	74.07
46	10.50	17.23	23 67	32.78	46.36	57.89	67.42	74.95
48	10.92	17.86	24.48	33.78	47.51	59.04	68.45	75.63
50	11.35	18.49	25.28	34.74	48.61	60.13	69.35	75.97
52	11.75	19.09	26.03	35.66	49.65	61.13	70.07	» »

On voit, par les exemples que nous venon de présenter, que si l'assuré vient un jour à être privé des ressources sur lesquelles il comptait pour faire face au payement exact et régulier de ses primes, la Compagnie n'a pas voulu que cette circonstance fâcheuse détruisît entièrement les effets d'un contrat passé pour la *vie entière*.

IV. — PRÊTS PAR LES COMPAGNIES SUR LE CONTRAT D'ASSURANCE.

Les Compagnies, cherchant à multiplier les combinaisons qui permettent à un *assuré pour la vie entière* de tirer parti de son contrat, prêtent à l'assuré, à un intérêt modéré, la somme qu'il demande jusqu'à concurrence de la valeur du titre.

L'assuré, dans ce cas, n'aliène pas son contrat. Il rentre en jouissance de tous ses droits dès le moment où il rembourse la somme prêtée par la Compagnie et à la condition, bien entendu, que pendant la durée du prêt, il a continué le payement de ses primes. S'il ne peut rembourser le prêt qui lui a été fait, il abandonne son contrat à la Compagnie comme si celle-ci en avait simplement opéré le rachat, sauf par cette dernière à lui tenir compte, s'il y a lieu, de la plus-value que le contrat pourrait avoir.

V. — PAYEMENT DES PRIMES PAR SEMESTRE OU PAR TRIMESTRE.

Les Compagnies, afin de faciliter le payement des primes, consentent, lorsqu'elles s'élèvent au moins à 200 fr. par an, à ce que le payement en ait lieu soit par semestre, soit par trimestre, avec une légère augmentation pour la différence d'intérêt. Toutefois, les calculs des Compagnies étant basés sur la perception de primes annuelles, il y a lieu, lors du décès de l'assuré, de retenir sur le capital garanti les portions de primes nécessaires pour compléter dans son intégralité la prime annuelle dont l'assuré n'aurait payé que le quart ou la moitié.

Enfin, les Compagnies donnent à tous assurés, autres que ceux exerçant la profession de marin, la faculté de voyager par mer d'un port d'Europe à un autre port d'Europe, sur navire à voiles ou à vapeur, sans être astreints, à payer, outre les primes ordinaires, une prime supplémentaire précédemment exigée et sans qu'il soit besoin de lui en faire la déclaration.

Elles accordent aussi aux assurés, autres que les marins ou militaires, l'autorisation de faire des voyages à Alger et même d'y séjourner.

CHAPITRE X.

APPLICATIONS DIVERSES DES ASSURANCES EN CAS DE MORT.

Ce n'est pas assez pour nous de rappeler ici que l'objet essentiel de ces *assurances* est de donner à l'assuré les moyens de laisser un capital déterminé d'avance à sa veuve ou à son enfant; nous devons encore rechercher quelles sont les personnes qui, par leur position, sont le plus intéressées à faire chaque année une économie de quelques centaines de francs pour la consacrer à une assurance.

Dans ce nombre se trouvent non-seulement le chef de famille qui travaille à sa fortune ou qui exerce un commerce, une industrie dont les résultats reposent sur sa tête, mais encore les propriétaires, les avocats, les médecins, les hommes de lettres, les artistes, etc.; les fonctionnaires publics, les employés en activité ou en retraite, les pensionnaires de l'État, etc.; les ouvriers, les journaliers, etc.

PROPRIÉTAIRES.

Chaque père de famille, quelle que soit sa position, est sans cesse préoccupé de l'avenir de ses enfants. Le propriétaire foncier lui-même éprouve le besoin d'accroître le patrimoine qu'il possède et qu'il veut transmettre aux siens. Il calcule, s'il a plusieurs enfants, que son héritage, divisé après sa mort, ne donnera à chacun d'eux qu'une médiocre aisance. Ses efforts tendent donc à augmenter sa fortune : aussi cherche-t-il à donner l'emploi le plus productif aux épargnes annuelles que son esprit d'ordre et sa prévoyante sollicitude le portent à faire. Sous ce rapport, une *assurance* sur la vie entière lui offre le moyen de placer avec autant de sécurité que d'avantage les économies successives qu'il prélève sur ses revenus et de créer en faveur de ses héritiers un capital important qui souvent n'aura coûté qu'un faible sacrifice.

AVOCATS, MÉDECINS, HOMMES DE LETTRES, ARTISTES, ETC.

Les hommes qui exercent les professions libérales, qui n'ont aucun revenu fixe, et qui cependant entretiennent leur famille dans une aisance honnête, ne sont-ils pas exposés, s'ils mouraient prématurément, à laisser sans moyens d'existence leur femme, leurs enfants, ou à ne leur léguer qu'un médiocre héritage ? Combien d'avocats, de médecins, d'artistes, d'écrivains, gagnent chaque année des sommes souvent élevées qu'ils dépensent en entier, sans penser à en consacrer une faible partie à une assurance dont une veuve, dont un fils profiteraient un jour! Ils oublient donc la fragilité de notre vie; ils ne calculent donc pas que leur talent est une valeur qui, à leur mort, échappe sans retour à leur famille; ils ne vivent donc que pour eux sans songer à ceux qui leur doivent survivre! Aussi que de familles, après avoir vécu honorablement, déchoient du rang qu'elles occupaient; combien d'autres, plus malheureuses encore, tombent dans la gêne, dans la misère même, alors qu'elles perdent leur chef, et cela parce que celui-ci n'a pas su prévenir pour les siens, par une *assurance sur la vie*, cette misère et cette gêne.

EMPLOYÉS. — PENSIONNAIRES.

Les personnes qui vivent du produit d'une place, comme les fonctionnaires publics, les employés en activité; — d'une pension ou d'une rente viagère, comme les employés en retraite et les pensionnaires de l'État, sont loin de penser, en général, que, moyennant un faible sacrifice annuel, ils peuvent laisser à leur mort un capital qui serait souvent pour leur famille une ressource importante.

C'est aux employés, c'est aux pensionnaires de l'État à calculer le prélèvement qu'ils peuvent faire chaque année sur leurs appointements ou sur la rente dont ils jouissent; car dans le système des *assurances* on admet toutes les sommes et toutes les sommes produisent. Avec une économie de 15 ou 20 fr. par mois (de 180 à 240 fr. par an), ils laisseront, pour le temps où ils ne seront plus, une assurance de plusieurs milliers de francs.

EXEMPLE.

Un employé qui, à l'âge de 40 ans, ferait *assurer sur sa vie* une somme de 5,000 fr., n'aurait à payer, chaque année, jusqu'à son décès, qu'une prime de 164 fr., c'est-à-dire ce qu'il dépense peut-être tous les ans sans utilité. Lorsque cet employé aurait sa retraite et que, ne touchant plus d'appointements, il trouverait trop onéreux pour lui le payement de sa prime, il opterait pour que sa *participation* dans les bénéfices de la Compagnie fût appliquée à réduire cette prime.

Les officiers savent combien est modique la pension que la loi accorde à leur veuve et à leurs enfants, et souvent il leur manque, pour laisser des droits à cette pension, quelques années de service. S'ils meurent alors, leur famille tombe dans l'état le plus précaire, obligée de solliciter longtemps un secours insignifiant. Ils ont donc un grand intérêt à recourir à une assurance.

OUVRIERS. — JOURNALIERS.

Souvent, à la mort d'un ouvrier, sa famille est plongée dans la plus affreuse détresse et obligée, pour vivre, d'implorer la charité publique. Les ouvriers sages et laborieux accompliront donc un devoir et feront une bonne action, en épargnant chaque mois quelques francs pour assurer du pain à leurs veuves et aux enfants qu'ils pourraient laisser orphelins.

Moyennant une prime annuelle de 25 fr., un ouvrier, âgé de 30 ans, peut assurer *mille francs* à son décès. De quelle ressource cette petite somme ne sera-t elle pas, lorsqu'il s'agira de payer les frais de maladie, d'inhumation, enfin de subvenir, dans les moments toujours si pénibles qui suivent un tel événement, à l'existence des survivants; dans combien de circonstances ce secours n'aurait-il pas suffi pour conserver, honnêtes et laborieuses, des familles que la misère a quelquefois plongées dans le déshonneur!

Nous savons que les Caisses d'épargne sont ouvertes aux classes laborieuses. Le gouvernement, en propageant ces institutions, a développé l'amour du travail et de l'ordre : « il crée, comme on l'a dit, des capitalistes « à la place des prolétaires, et trouve des « amis et des défenseurs dans tous ceux dont « les Caisses d'épargne font valoir les écono- « mies. »

Toutefois les *Caisses d'épargne* ne vont pas au but que les *Compagnies d'assurance* se proposent d'atteindre. L'ouvrier qui place son argent à la Caisse d'épargne cherche à se créer une ressource pour les mauvais jours ou pour sa vieillesse. Celui qui fait une *assurance sur sa vie* assure des moyens d'existence à *d'autres lui-même*. La Caisse d'épargne pourvoit aux besoins physiques de l'ouvrier ; les *assurances* satisfont aux besoins de son cœur. La Caisse d'épargne dit à l'ouvrier : *tu ne manqueras de rien* ; les Compagnies d'assurances disent à l'assuré : *ils ne manqueront de rien* ; et ce mot ILS désigne une mère, une épouse, des enfants, tout ce qui réveille en nous les sentiments les plus tendres et les plus intimes. Pour mettre à la Caisse d'épargne, il suffit d'un simple calcul ; c'est un bon emploi de l'argent que la prévoyance conseille. Pour entretenir une assurance, on obéit aux élans de l'âme ; on s'oublie soi-même pour ne penser qu'aux autres.

D'un autre côté, la Caisse d'épargne ne donne pas les mêmes résultats que ceux que les Compagnies d'assurances présentent. La première est fidèle et rend, avec intérêt, tout ce qu'elle a reçu. Les Compagnies d'assurances sont fidèles, et, de plus, libérales, car elles rendent aux héritiers de l'assuré, au jour de son décès, une somme très-supérieure au montant des primes qui leur ont été payées.

Ces deux institutions cependant peuvent se prêter un mutuel appui. Que l'ouvrier, que l'artisan continuent à porter chaque semaine leurs économies à la Caisse d'épargne, puis, qu'à la fin de l'année ils prélèvent sur la totalité de leur dépôt une somme destinée à *assurer* après eux un petit pécule à leur famille.

Si les artisans et les ouvriers suivent notre conseil, ils obtiendront un double avantage.

D'une part, en déposant leurs économies dans une Caisse d'épargne, ils auront quelque argent devant eux, et ils supporteront moins péniblement le manque de travail, les jours de maladie et les infirmités qu'un âge avancé amène trop souvent à sa suite.

De l'autre part, en employant une partie de leurs économies à *assurer sur leur vie* un capital, quelque faible qu'il soit, au profit de leurs femmes, de leurs enfants, ils auront la consolation de ne pas laisser après eux, privés de toutes ressources, les plus chers objets de leur tendresse.

Les *assurances en cas de mort* reçoivent encore de nombreuses applications.

EXEMPLES.

Le marin, avant d'entreprendre un long voyage, avant de s'exposer aux dangers de la navigation ou à l'insalubrité d'un climat nouveau pour lui, songera que sa mort peut laisser sans moyens d'existence une famille entière. Aussi, dans sa prudence, n'exposera-t-il pas ses jours sans avoir fait une *assurance sur sa vie* ; en d'autres termes, sans avoir obtenu la certitude que, s'il vient à périr, sa perte n'entraînera pas la ruine de ses enfants.

Un armateur confie au capitaine d'un de ses navires la direction commerciale d'une expédition, la vente d'une cargaison, par exemple, dans une colonie lointaine. Si le capitaine meurt, pendant le cours de son voyage, avant d'avoir achevé sa mission, l'armateur n'est-il pas exposé à perdre, soit ses bénéfices, soit même une partie de ses capitaux? Pour être indemnisé de cette perte éventuelle, il peut faire une assurance à son profit sur la vie de celui qu'il aura chargé de ses intérêts, et cette assurance l'indemnisera de la perte que la mort de son mandataire pourrait lui faire subir.

Nous appelons sur l'exemple suivant l'attention des pères de famille, de ceux surtout qui, mariant leurs filles avec des négociants, des commerçants, veulent les mettre à l'abri des pertes que leur ferait éprouver la mort de leur mari.

M. Didier, en mariant sa fille avec M. Simon, négociant, la dota de 50,000 fr., qui furent destinés à donner une nouvelle extension aux affaires de celui-ci, homme capable et d'une moralité certaine. Toutefois, M. Didier, convaincu que l'ordre et la bonne conduite ne préservent pas toujours un négociant de catastrophes ruineuses, fit assurer sur la vie de son gendre une somme de 50.000 fr. Cet acte de prévoyance ne devait pas être inutile. M. Simon, après plusieurs années prospères, éprouva successivement des pertes considérables; l'infidélité d'un de ses commis et la faillite de deux de ses principaux clients achevèrent sa ruine. Lui-même ne survécut que peu de temps au désastre de sa fortune. Sa femme, après avoir perdu sa dot, se serait donc trouvée sans ressources, si, à la mort de M. Simon, elle n'eût reçu de la Compagnie, qui avait contracté avec son père, les 50,000 fr., montant de l'assurance faite sur la vie de son mari.

4

Un propriétaire, un capitaliste, veulent-ils récompenser d'anciens serviteurs, faire des legs à des personnes qui leur sont chères, et cela sans nuire à leurs héritiers? veulent-ils encore doter un hôpital, une église, un établissement de charité, un corps scientifique, il leur suffit de contracter une assurance sur leur vie et de payer une prime qui se confond dans leurs dépenses annuelles. Ils créeront ainsi, en dehors de leur succession, un capital destiné à remplir leurs vues généreuses.

CHAPITRE XI.

APPLICATIONS DIVERSES DES ASSURANCES EN CAS DE MORT.

(*Suite.*)

Les *assurances en cas de mort*, telles que nous venons de les considérer, ne profitent pas aux assurés. Ils n'en retirent même *indirectement* aucun bénéfice personnel ; elles ne doivent leur procurer, pour tout avantage, que la satisfaction qui résulte de l'accomplissement d'un devoir. C'est ce que nous avons cherché à prouver par les exemples que nous avons cités.

Il arrive souvent, au contraire, que les *assurances en cas de mort* rendent à l'assuré un service *direct*, quoique ce soit une autre personne qui recueille, en définitive, les fruits de l'assurance, c'est-à-dire qui touche *la somme assurée.*

Sous ce rapport, l'*assurance en cas de mort*

sert d'abord à donner des garanties à un prêteur, à un créancier.

EXEMPLES.

Un notaire, un avoué, qui achètent une charge, ont souvent besoin, pour en payer le prix, de recourir à un emprunt dont ils se libèrent annuellement sur les bénéfices de leur profession. Supposons qu'un de ces officiers publics veuille emprunter ainsi, pour huit années, une somme de 200.000 fr. Quels que soient son talent et sa probité, quelle garantie donnera-t-il à la personne qui serait disposée à lui prêter cette somme, mais qui pourrait craindre seulement que son débiteur ne mourût avant d'avoir acquitté sa dette? Eh bien! l'emprunteur offrira une garantie réelle en contractant une assurance sur sa vie au profit du capitaliste qui avancera les 200,000 fr. En effet, une fois l'assurance (1) contractée, si cet emprunteur meurt avant de s'être complétement libéré, la *Compagnie d'assurances*, mise en son lieu et place par le contrat qu'il aura signé, remboursera le capitaliste.

Un fabricant, pour donner un nouvel essor à son industrie, veut emprunter 20,000 fr. pour cinq années; mais cet homme ne présente, pour toutes sûretés, que son aptitude et sa moralité. S'il meurt avant d'avoir remboursé les 20,000 fr. qu'il emprunte, son industrie meurt avec lui, et le prêteur est exposé à perdre une partie de ses capitaux.

(1) L'emprunt étant fait pour huit années, l'assurance qui embrassera le temps nécessaire pour la libération totale sera une *Assurance temporaire* (*Voir Assurances temporaires*, page 20).

Celui-ci demande donc que ses avances soient garanties par une *assurance temporaire*, souscrite à son profit par le fabricant. Si l'homme qui fait cet emprunt a 40 ans, et que le capital de 20,000 fr. ait été prêté pour cinq ans, la prime annuelle à sa charge sera de 398 fr.

On voit par les précédents exemples que, bien que l'*assurance* soit consentie au profit de la personne qui livre ses capitaux, elle n'en rend pas moins service à l'assuré.

Ce mode d'*assurance en cas de mort* peut encore donner, avous-nous dit, des garanties à un créancier.

EXEMPLE.

Etes-vous créancier d'un débiteur qui soit dans l'impossibilité de rembourser une somme de quelque importance que vous lui aurez prêtée, mais qui puisse au moins acquitter annuellement une prime d'assurance? Faites appel à sa loyauté; demandez-lui de souscrire à votre profit un contrat d'assurance, de telle sorte que, grâce à ce titre, vous puissiez rentrer, à sa mort, dans le montant de votre créance. Un homme âgé de 35 ans, qui devrait 50,000 fr., assurerait à son créancier le remboursement de cette somme en consentant à payer annuellement une prime de 1,420 fr. S'il peut s'imposer ce sacrifice et s'il est de bonne foi, hésitera-t-il à se libérer ainsi?

L'exemple suivant prouvera qu'au moyen

d'une *assurance* on peut faire un placement solide en achetant une rente viagère.

M. Durand, possesseur d'une rente viagère de 1,200 fr., veut vendre cette rente. M. David la lui achète moyennant une somme de 12,000 fr., par exemple, et devient immédiatement propriétaire de la rente de 1,200 fr.; mais celle-ci s'éteignant à la mort de M. Durand, M. David perdrait tout à la fois, par cet événement, et la rente qu'il a acquise et les 12,000 fr. qu'il a dépensés pour cette acquisition. Pour garantir le capital déboursé, que fera M. David? Il contractera une *assurance sur la vie* de M. Durand pour une somme égale à ce capital; et, pendant l'existence du rentier viager, il percevra, à titre d'intérêt, la différence qui existera entre la rente qu'il aura achetée et la prime d'assurance qu'il payera à une Compagnie.

Supposons donc que M. Durand ait 46 ans, M. David devra payer, jusqu'à la mort du rentier viager, une prime annuelle de 480 fr. (1). Il ne jouira plus, à la vérité, que de 720 fr. de rente, ce qui représentera l'intérêt de 6 0/0 des 12.000 fr. employés; mais, au décès de M. Durand, il rentrera, par le fait de son assurance, dans ses 12 000 fr.

Les agents d'affaires qui, à ce titre, avancent des fonds sur rentes et pensions, agiront prudemment en faisant *assurer* leurs déboursés *sur la vie* du rentier ou du pensionnaire. Le revenu viager dont ceux-ci jouissent s'éteint à leur mort, et sans une assurance faite sur la vie de ses clients dont le *consentement*, dans ce dernier cas, *est au surplus nécessaire*, l'agent d'affaires serait exposé à perdre, au jour de leur décès, l'argent qui ne lui aurait pas encore été remboursé.

(1) En chiffres ronds. En réalité, 481 fr. 20 c.

Loin de nous la pensée d'analyser ici les ingénieuses combinaisons qui se groupent autour des *assurances en cas de mort*, soit que l'assurance ne profite qu'à la veuve de l'assuré, à ses enfants, à sa famille, ou ne réponde qu'aux besoins de son affection et de sa reconnaissance ; soit que l'assurance soit conçue dans l'intérêt même de l'assuré. Toutefois nous croyons utile de considérer encore les *assurances en cas de mort* dans leur rapport avec les reprises dotales.

Reprises dotales.

M. Benoît se marie avec Mlle Louvet, qui lui apporte une dot de 20,000 fr. On sait que les parents de la femme, si elle vient à mourir sans survenance d'enfants, peuvent réclamer au mari la dot qu'il aura touchée, et, ainsi qu'on le dit, exercer contre lui des *reprises dotales*. Après huit années de mariage, M. Benoît, n'ayant pas eu d'enfants, songea que la dot de sa femme était depuis longtemps engagée dans ses affaires ; que si, plus tard, il était appelé à rendre les 20,000 fr. qui constituaient cet apport, un semblable remboursement pourrait être pour lui la cause de graves embarras, d'une gêne momentanée, ou la source de pénibles discussions. Aussi, pour parer à cet événement imprévu, pour s'affranchir de cette responsabilité, il s'adressa à une Compagnie d'assurances, et fit assurer à son profit, sur la vie de sa femme, dans le cas où celle-ci mourrait avant lui, un capital équivalent à la dot qu'elle avait reçue en mariage et qu'il pourrait être un jour appelé à restituer.

M. Benoît ayant alors atteint l'âge de quarante ans, et sa femme ayant trente ans, la prime annuelle s'éleva à 582 fr. pour un capital de 20,000 fr.

Les *assurances en cas de mort* sont encore susceptibles d'autres applications, mais comme celles-ci se présentent dans la pratique moins fréquemment que celles que nous venons d'indiquer, nous terminerons ici les explications que nous nous proposions de donner sur cette nature d'*assurances*.

CHAPITRE XII.

Assurances en cas de vie.

Nos lecteurs n'auront point oublié la division que nous avons établie au chapitre II entre les *assurances en cas de mort* et les *assurances en cas de vie*. Ils se rappelleront que celles-ci profitent directement à la personne de l'assuré; que l'engagement de la Compagnie n'a d'effet que de son vivant, tandis que les *assurances en cas de mort*, toujours subordonnées à la condition du décès de l'individu assuré, ne peuvent profiter qu'à ses héritiers, légataires, etc. Aussi avons-nous cherché à démontrer, dans le cours des explications qui précèdent, que les pères de famille devaient rechercher particulièrement, s'ils étaient guidés par une sage prévoyance, les *assurances en cas de mort*. Quant aux célibataires qui veulent augmenter leurs ressources pour l'avenir et trouver pour leurs épargnes un placement fructueux et certain; quant aux époux sans postérité qui désirent doter leur vieillesse de plus d'aisance, c'est aux *assurances en cas de vie* qu'ils demanderont ces avantages.

Les *assurances en cas de vie* comprennent : les rentes viagères immédiates ou différées ; les assurances de capitaux différés.

CHAPITRE XIII.

DES RENTES VIAGÈRES.

Observations préliminaires.

De toutes les *assurances en cas de vie*, la plus connue est la constitution de *rentes viagères*, c'est-à-dire payables pendant la durée de la vie. Le rentier faisant dans cette opération l'abandon complet du capital qu'il possède, en échange de la rente qu'on lui sert, obtient nécessairement un intérêt plus élevé que s'il faisait valoir le même capital en en conservant la propriété. Ce placement en viager est ce qu'on appelle vulgairement un placement à fonds perdus.

Les *rentes viagères* comportent plusieurs

systèmes; avant de les exposer, nous recher-
cherons s'il n'est pas plus avantageux pour
les rentiers d'effectuer ces placements dans
des *Compagnies d'assurances sur la vie* que
chez des particuliers.

On croit généralement qu'une hypothèque (1) est la meilleure garantie pour une
opération de cette nature. Toutefois, si l'on
ne peut mettre en doute qu'une hypothèque
en ordre utile sur une propriété d'une valeur
considérable ne soit une grande sûreté pour
le rentier qui place ses fonds sur un particulier; cette garantie n'est-elle pas trop souvent
illusoire? Tantôt c'est une hypothèque anté-
rieure ou une de ces hypothèques créées par
la loi elle-même, sans qu'elles aient besoin de
se révéler par un acte apparent, qui viennent
absorber le gage du rentier; tantôt c'est la
propriété qui se détériore, et qui devient in-
suffisante pour assurer la solidité du placement. Admettons maintenant que l'hypothèque soit valablement assise sur un immeuble
en bon état; qui répondra au rentier viager
de la solvabilité, de la bonne foi de son débiteur? Frustré dans ses droits, le rentier,
dira-t-on, aura la ressource d'un procès en
expropriation; triste ressource, en vérité, que

(1) L'hypothèque est un droit réel sur les immeubles
affectés à l'acquittement d'une obligation (Code Napo-
léon, art. 2114).

celle qui se traduit en frais à avancer, en temps à perdre ! Le rentier sera-t-il d'ailleurs en mesure de faire face à ces frais? Pourra-t-il supporter la privation de son revenu jusqu'à l'issue d'une longue action judiciaire? Ces débats, ces contestations, ne troubleront-ils pas, en tout cas, la vie paisible que recherchent, avant tout, les rentiers viagers, qui se composent en général de personnes âgées?

Dans les *Compagnies d'assurances sur la vie*, les rentiers viagers sont tout à fait à l'abri de semblables incertitudes.

Le rentier qui s'adresse à des particuliers, obligés de débattre le taux de l'intérêt, obtient rarement des conditions en rapport avec son âge. Dans les Compagnies, le taux de l'intérêt est indiqué, pour chaque âge, par des tarifs que nous analyserons.

L'exactitude dans le payement des intérêts est, pour le rentier viager, après la solidité du placement, une condition essentielle. Dans les Compagnies, le payement des rentes n'est sujet à aucune interruption, à aucun retard. Il a lieu à jour fixe. Celui qui consent, au contraire, à hypothéquer sa propriété pour contracter un emprunt, est souvent obéré. L'expérience prouve chaque jour que les emprunteurs hypothécaires sont loin de servir régulièrement, aux échéances, les portions de la rente qu'ils doivent acquitter.

Enfin, on ne peut nier que le rentier viager n'éprouve un sentiment pénible à contracter avec une personne pour laquelle son existence est une charge onéreuse, et qui lui reprochera en quelque sorte chaque année nouvelle qui s'ajoutera à sa vie. En traitant avec une Compagnie, le rentier est affranchi de cette pensée. Les Compagnies, n'opérant que sur des masses, ne connaissant pas même leurs rentiers, n'ont point à désirer la mort de tels ou tels individus. Elles attendent patiemment que les lois de la nature s'accomplissent. Peu leur importe que des rentiers viagers jouissent d'une plus longue vie, puisque la mort prématurée d'autres rentiers compensera pour eux cette chance défavorable.

Nous pensons donc, en résumé, que les rentiers devront donner aux Compagnies la préférence sur les placements hypothécaires.

Ces considérations une fois posées, suivons les *rentes viagères* dans les modifications qu'elles peuvent subir.

CHAPITRE XIV.

DES RENTES VIAGÈRES.

(*Suite et fin.*)

Nous diviserons les *rentes viagères* en trois classes :

Les *rentes viagères* constituées sur une seule tête.

Les rentes viagères constituées sur deux têtes.

Les rentes viagères différées.

I.

RENTES VIAGÈRES CONSTITUÉES SUR UNE SEULE TÊTE.

La *rente viagère* proprement dite est celle qui, en conformité du tableau ci-contre, se paye chaque *semestre* au rentier qui a versé un capital dans la caisse d'une *Compagnie d'assurances.*

Le rentier viager peut, à son gré, toucher sa rente par *trimestre*; mais, dans ce cas il éprouve une légère diminution dans le taux de l'intérêt.

Voici le taux de l'intérêt que produit annuellement au rentier, d'après son âge, chaque somme de 100 fr. qu'il place viagèrement avec abandon à la Compagnie des arrérages qui pourront être dus à son décès.

AGE du rentier	RENTE ANNUELLE POUR 100 F. ET PAYABLE PAR				AGE du rentier	RENTE ANNUELLE POUR 100 F. ET PAYABLE PAR			
	trimestre		semestre			trimestre		semestre	
ans.	fr.	c.	fr.	c.	ans.	fr.	c.	fr.	c.
41	6	49	6	59	61	9	92	10	10
42	6	62	6	72	62	10	11	10	30
43	6	74	6	81	63	10	31	10	50
44	6	83	6	93	64	10	56	10	75
45	6	96	7	06	65	10	80	11	00
46	7	11	7	21	66	11	08	11	28
47	7	24	7	35	67	11	31	11	53
48	7	39	7	50	68	11	60	11	83
49	7	55	7	66	69	11	81	12	05
50	7	69	7	81	70	12	07	12	32
51	7	86	7	99	71	12	32	12	57
52	8	03	8	16	72	12	54	12	82
53	8	21	8	34	73	12	80	13	08
54	8	41	8	54	74	13	03	13	32
55	8	60	8	75	75	13	30	13	59
56	8	81	8	96	76	13	55	13	85
57	9	07	9	21	77	13	79	14	11
58	9	27	9	43	78	14	07	14	40
59	9	48	9	64	79	14	37	14	72
60	9	68	9	86	80	14	80	15	16

Il ne faut pas conclure du Tableau qui précède que le rentier, qui contracte avec une Compagnie à l'âge de quarante et un ans et qui reçoit d'elle un intérêt de 6 fr. 49 c. pour 100 fr., recevra d'elle un intérêt plus élevé à mesure qu'il avancera en âge. Le rentier touche pendant toute sa vie l'intérêt attribué à l'âge qu'il avait au moment où il stipulait qu'une *rente viagère* lui serait payée en échange de son capital.

Cette *rente viagère* n'existe que sur la personne du rentier, et, celui-ci une fois mort, la Compagnie est libérée de la rente qu'elle servait.

II. — RENTES VIAGÈRES CONSTITUÉES SUR DEUX TÊTES (1).

La *rente viagère* peut être constituée *sur deux têtes*, c'est-à-dire qu'elle revient soit en totalité, soit en partie, suivant la stipulation faite avec la Compagnie, à celui des deux rentiers qui survit à l'autre. Cette opération convient à deux époux sans enfants, à deux frères, à deux sœurs, à deux amis.

(1) Dans l'exemple qui va être indiqué, nous avons supposé les rentes viagères faites avec abandon à la Compagnie des arrérages dus au décès de l'assuré, conformément au tarif ci-après.

Ils jouissent ensemble de la rente qu'ils se sont créée, et le survivant continue à recevoir cette rente.

EXEMPLE.

M. et Mme Dubois ayant atteint, le mari l'âge de soixante ans, et la femme l'âge de cinquante ans, placèrent une somme de 30,000 fr. afin d'obtenir une rente viagère constituée sur leurs deux têtes. Tant qu'ils vécurent, ils eurent, en raison de l'âge où ils étaient parvenus, la jouissance d'une rente de 2 079 fr. Mme Dubois vint à mourir quelques années après ce placement; M. Dubois continua à recevoir jusqu'à son décès, de la *Compagnie d'assurances* qui avait encaissé les 30,000 fr., la totalité de la rente.

On voit, par l'exemple qui précède, que la *Compagnie d'assurances* n'est affranchie du service de la rente qu'elle s'est engagée à fournir que par la mort des deux titulaires. On comprend dès lors que la Compagnie, dont les charges augmentent, exige un capital plus élevé pour une rente de 1,500 fr. constituée sur deux têtes que pour la même rente de 1,500 fr. qui s'éteindrait à la mort d'une seule personne.

TARIF des Rentes viagères sur deux têtes, payables par semestre jusqu'au dernier décès et sans arrérages à la mort du survivant.

AGE d'un rentier.	AGE de l'autre.	RENTE pour un placement de 100 f.	AGE d'un rentier.	AGE de l'autre.	RENTE pour un placement de 100 f.	AGE d'un rentier.	AGE de l'autre.	RENTE pour un placement de 100 f.
		fr. c.			fr. c.			fr. c.
50	50	6 37	55	70	8 09	65	70	9 34
	55	6 66		75	8 33		75	9 87
	60	6 93		80	8 50		80	10 28
	65	7 18						
	70	7 39	60	60	7 90	70	70	9 97
	75	7 53		65	8 42		75	10 68
	80	7 65		70	8 85		80	11 21
				75	9 18			
55	55	7 04		80	9 45	75	75	11 53
	60	7 41					80	12 37
	63	7 79	65	65	8 67		»	» »

III.

RENTES VIAGÈRES DIFFÉRÉES.

La *rente viagère différée* est celle qui est constituée de telle sorte que la jouissance n'en commence qu'après un certain nombre d'années. Cette combinaison donne des résultats très-avantageux.

Ainsi, une personne qui verse un capital pour obtenir une *rente viagère* trouve souvent insuffisant le taux de l'intérêt attribué à son âge ; elle souhaite un revenu supérieur à celui que la Compagnie lui payerait immédiatement aux termes de ses tarifs. Pour obtenir de son capital l'intérêt qu'elle désire, il suffit à cette personne de ne pas recevoir sa rente pendant un petit nombre d'années, et cette rente, replacée elle-même en viager, lui fait obtenir bientôt l'intérêt plus élevé qu'elle voulait avoir.

EXEMPLE.

M. Lheureux, âgé de 42 ans, place 10,000 fr. pour jouir de la *rente viagère* que doit lui rapporter ce capital. Cette rente s'élèvera annuellement à 672 fr., s'il entend la toucher immédiatement (1). S'il renonce, au contraire, pendant trois années seulement à recevoir son revenu, la même rente de 672 fr. montera à 805 fr.; elle atteindra le chiffre de 945 fr. au delà de cinq ans, si le rentier, pendant cet espace de temps, se prive de sa rente.

(1) Voir le tarif des *Ren'es Viagères*, page 61.

Taux de la rente viagère que l'on obtient en différant d'un certain nombre d'années l'entrée en jouissance des intérêts, la rente étant payable par semestre.

AGE actuel du RENTIER.	RENTE QUE PRODUIRONT 100 FR.				
	après un an.	après 2 ans.	après 3 ans.	après 4 ans.	après 5 ans.
41 ans.	7.03	7.51	8.05	8.62	9 24
42	7.15	7.65	8.20	8.79	9.45
43	7.28	7.80	8.36	8 99	9.66
44	7.42	7.95	8.55	9.19	9.91
45	7.57	8.13	8.74	9.42	10.17
46 ans.	7.73	8.31	8.96	9.67	10.43
47	7.89	8.51	9.18	9.90	10.72
48	8.08	8.72	9.40	10.18	11.04
49	8.26	8.90	9.64	10.46	11 31
50	8.43	9.13	9.91	10.71	11.71
51 ans.	8 64	9.37	10.13	11.08	12.06
52	8.84	9.56	10.45	11.38	12.44
53	9.01	9.86	10.73	11.73	12.82
54	9.29	10.12	11.06	12.09	13.19
55	9.52	10.41	11.37	12 41	13.57
56 ans.	9.78	10.69	11.66	12.75	13.95
57	10.05	10.96	11.99	13.11	14.32
58	10.28	11.24	12.23	13.42	14.69
59	10.53	11.51	12.57	13.76	15.06
60	10.78	11.77	12.88	14.17	15.59

Ces rentes *viagères différées* conviennent aux personnes d'un âge peu avancé, qui, vivant de leur travail ou de leur industrie, peuvent se priver de leur rente pendant un certain nombre d'années. Elles en augmentent alors considérablement l'importance pour le temps où elles veulent en jouir.

Le rentier a la liberté complète de choisir, sans la déterminer d'avance, l'époque à laquelle il veut entrer en jouissance de sa rente. L'un attendra qu'il se marie, l'autre qu'il forme un établissement; celui-ci touchera sa rente parce qu'il tombera malade, celui-là parce qu'il manquera d'ouvrage. C'est donc toujours au moment qui lui paraîtra le plus convenable que le rentier profitera du placement qu'il a fait.

———

Un des avantages que présentent les *rentes viagères*, c'est qu'elles peuvent être constituées aussi bien par le payement de primes annuelles que par le versement d'un capital. Le futur rentier n'est pas même astreint à des versements réguliers. Chaque somme qu'il place lui assure une petite rente, et au bout de quelques années, s'il veut entrer en jouissance, toutes ces portions de rentes réunies lui constituent un certain revenu.

Ces placements que nous ne saurions trop recommander à la classe si nombreuse des employés et à tous les fonctionnaires publics rétribués, mais dont les professions ne donnent pas droit à une retraite; ces placements, disons-nous, leur offrent ainsi la faculté de s'assurer, au moyen d'une sorte de retenue sur leurs appointements, une rente viagère pour leurs vieux jours.

EXEMPLE.

Un employé, âgé de 30 ans environ, qui économiserait 20 fr. par mois, et qui les verserait dans la caisse d'une *Compagnie d'assurances sur la vie*, aurait droit, après vingt ans, à une rente de 597 fr.; après trente années, cette rente s'élèverait à 1,658 fr. Il jouirait donc, à 60 ans, d'une retraite assurée.

Les ecclésiastiques peuvent, par ce même mode de placement, se créer des ressources précieuses pour l'époque où ils seront forcés par l'âge et les infirmités de se démettre de leurs fonctions, l'État cessant alors de pourvoir à leurs besoins. Qu'un ecclésiastique paye chaque année, depuis l'âge de 30 ans, une prime de 144 fr. 70 c., il se sera constitué pour l'âge de 60 ans un revenu viager de 1,000 fr.

CHAPITRE XV.

ASSURANCE DE CAPITAUX DIFFÉRÉS.

Les Compagnies ne se bornent pas à garantir des *rentes viagères* ; elles s'engagent aussi à payer un capital après un nombre d'années fixé d'avance, si celui qui place ou sur la tête duquel on place est vivant à cette époque. La Compagnie devient ainsi une sorte de Caisse d'épargne qui tient compte à l'assuré non-seulement des intérêts capitalisés, mais aussi des chances de mortalité qui augmentent la part des survivants de celle des décédés.

Ces assurances ont l'avantage de présenter aux pères de famille le moyen sûr et facile de pourvoir à l'éducation de leurs enfants, à leur établissement ou à leur exonération du service militaire.

De quels beaux rêves n'entoure-t-on pas le berceau d'un nouveau-né? Quels projets l'heureux père ne forme-t-il pas pour l'avenir de son enfant? A peine celui-ci entre-t-il dans la vie, on pense à son établissement, à sa dot, à son exemption du service militaire. Pour faire face à ces exigences, on se propose de mettre en réserve une somme disponible, de placer périodiquement quelques économies ; puis ces premières impressions s'effacent; on ajourne, on finit par négliger l'exécution de ces beaux plans, et quand l'âge du recrutement arrive, quand il faut doter une fille, créer à un jeune homme une position dans le monde, on s'impose des sacrifices souvent pénibles. Le père de famille sage et prudent échappera à cette destinée trop commune en demandant à une Compagnie, moyennant une prime annuelle, une somme exigible quand son enfant atteindra, par exemple, sa vingtième année; somme fixe, garantie, et qui ne peut être l'objet d'aucun mécompte.

EXEMPLE.

Si le père s'engage, dès la naissance de l'enfant, à payer annuellement une prime de 323 fr., il lui assure une somme de 10,000 fr. payables à l'âge de 18 ans accomplis.

Il lui assure la même somme de 10,000 fr. pour l'âge de 20 ans ou de 21 ans accomplis, en payant, dans le premier cas, une prime annuelle de 276 fr. Dans le second cas, une prime annuelle de 256 fr.

Cette opération sera surtout avantageuse si on souscrit l'assurance dès le moment de la naissance de l'enfant; en effet, la prime augmente avec l'âge, et cela se conçoit; car plus l'enfant est âgé, plus il approche de l'époque à laquelle la Compagnie devra remplir ses engagements, et plus l'assurance devient onéreuse pour celle-ci. Voici un exemple de l'accroissement de la prime :

La prime annuelle de 256 fr. à payer, dès la naissance de l'enfant, pour lui assurer à 21 ans révolus la somme de 10,000 fr., s'élèverait annuellement, si l'enfant était dans sa cinquième année au moment de l'assurance, à 370 fr.

Cette *assurance* peut être contractée aussi bien par le payement d'une *prime unique* que par l'engagement d'acquitter des *primes annuelles* (1). Cette prime unique sera elle-même d'autant moins élevée que l'assurance sera souscrite à une époque plus rapprochée de la naissance de l'enfant.

(1) Le tableau qui suit n'indique que les primes annuelles.

AGE de L'ASSURÉ.	PRIMES ANNUELLES ASSURANT UN CAPITAL DE 100 FR. EXIGIBLE :			
	à 18 ans.	à 19 ans.	à 20 ans.	à 21 ans.
	fr. c.	fr. c.	fr. c.	fr. c.
Naissance.	3 23	2 98	2 76	2 56
1	3 62	3 33	3 07	2 83
2	3 99	3 66	3 36	3 10
3	4 40	4 02	3 68	3 38
4	4 87	4 43	4 04	3 70
5	5 41	4 89	4 44	4 05
6	6 03	5 42	4 90	4 45
7	6 76	6 04	5 42	4 90
8	7 64	6 77	6 04	5 42
9	8 72	7 64	6 77	6 04
10	10 06	8 71	7 64	6 76

L'exémple suivant fera tomber sans doute une objection qui serait de nature à empêcher le père de famille de contracter une *assurance différée* sur la tête de son enfant, si les Compagnies, prévoyant cette objection, n'y avaient pas répondu par une combinaison aussi ingénieuse que favorable.

M. Brémont venait d'être père. Dans son désir de pourvoir par avance à l'avenir de son fils, et de lui assurer pour sa majorité (21 ans) une somme de 20,000 fr., sa première pensée fut de recourir à une *Compagnie d'assurances sur la vie*. Toutefois, comme M. Brémont ne pouvait pas payer immédiatement la prime unique que la Compagnie lui demandait pour assurer cette somme de 20,000 fr., il fallait qu'il acquittât annuellement une prime de 512 fr. Mais une crainte l'arrêta. Si je viens à mourir, se dit-il, avant l'échéance du contrat, ma famille, mes héritiers, acquitteront-ils toujours exactement, après moi, le service de la prime? S'ils négligent ou s'ils sont hors d'état de satisfaire au payement successif de ces primes, le fruit de ma prévoyance sera perdu pour mon enfant. Par suite de cette réflexion, M. Brémont eût peut-être renoncé à l'assurance qu'il projetait, s'il n'avait appris qu'il pouvait assurer, sur sa propre existence, la prime annuelle qu'il avait à payer; de telle sorte que, s'il mourait prématurément, la Compagnie *n'aurait plus rien à recevoir*, et demeurerait néanmoins tenue d'acquitter, à la majorité de son fils, les 20,000 fr. stipulés dans le contrat d'assurance. Pour obtenir cet avantage, M. Brémont n'eut à payer qu'une légère augmentation de prime calculée en raison de son âge combiné avec celui de l'enfant.

Le père de famille, qui crée ainsi, par une *assurance différée* sur la tête de son enfant, le capital qui devra pourvoir un jour à son établissement, à sa dot, etc., se place dans une position meilleure que s'il se contentait, pour obtenir le même résultat, de mettre chaque année en réserve quelques économies. En effet, des circonstances imprévues, l'entraînement des affaires, la satisfaction d'un caprice, forceraient peut-être ce père de famille à entamer d'abord, pour les absorber ensuite, les épargnes qu'il aurait amassées et laissées à sa disposition. Si, au contraire, il a contracté une assurance, il payera exactement chaque prime annuelle, pour ne pas perdre le fruit de celles qu'il aura déjà versées. La Compagnie d'assurances devient ainsi pour lui un dépositaire plus sûr que lui-même.

CHAPITRE XVI.

ASSURANCES A TERME FIXE.

Cette assurance participe des *assurances en cas de vie* et des *assurances en cas de mort*. En effet, la Compagnie prend, dans cette espèce d'assurance, l'engagement *absolu* de payer à une époque fixe un capital déterminé à l'avance à l'assuré ou à ses héritiers. L'assuré acquitte de son vivant la prime convenue; mais s'il meurt avant l'échéance du contrat, la prime cesse d'être due et l'obligation de la Compagnie de payer le capital à l'époque fixée n'en existe pas moins.

EXEMPLE.

M. Lejeune se propose, à l'âge de trente ans, d'obtenir dans vingt ans une somme de 10,000 fr. Il souscrit une *assurance à terme fixe*, et s'engage à payer une somme annuelle de 571 fr., prime calculée toujours sur son âge et sur le capital que la Compagnie garantit. Or, deux cas doivent infailliblement se présenter. Si M. Lejeune ne paye sa prime que pendant cinq ans, que pendant dix ans, il aura fait un placement très-avantageux pour sa famille, car il n'aura dépensé qu'une somme fort modique, et néanmoins il laissera à ses héritiers le capital *assuré tout entier*, capital exigible seulement à l'époque convenue, *mais pour lequel on ne payera désormais aucune prime.* Si M. Lejeune vit, au contraire, pendant vingt ans, c'est-à-dire jusqu'au terme du contrat, il recevra lui-même, pour les 7,420 fr. qu'il aura placés par petites sommes (371 fr. par an), un capital de 10,000 fr.

Cette combinaison a, sur toutes les autres, l'avantage de convenir à la fois au célibataire et au père de famille.

EXEMPLE.

Le célibataire, qui s'assure de cette manière un capital pour une époque déterminée, retrouvera ses épargnes augmentées d'un intérêt variable, suivant l'âge auquel il aura recours à cette assurance. Vient-il à se marier, son contrat est pour lui plus précieux encore, car alors même qu'il mourrait prématurément, il n'en laisserait pas moins à sa veuve, à ses enfants, et sans que ceux-ci aient aucune obligation à remplir, la somme qui lui était assurée.

Le père de famille, qui a plusieurs enfants obtient, au moyen d'une *assurance à terme fixe*, la certitude de toucher à l'époque de leur établissement, ou de leur laisser, s'il n'existe plus, le capital qu'il leur destine.

EXEMPLES.

Un homme, âgé de 40 ans, a le projet d'obtenir dans vingt ans une somme de 20,000 fr. qu'il partagera alors entre ses deux fils. Il paye une prime annuelle de 386 fr.

S'il vit dans vingt ans, il recevra le capital assuré et il pourra lui-même en régler le partage.

S'il meurt dans le cours des vingt années, ses fils ne toucheront pas moins les 20,000 fr. au terme convenu.

Enfin, si ceux-ci meurent eux-mêmes après leur père et mère, et avant l'expiration de ces vingt années, la Compagnie, dont l'obligation subsiste indépendamment de toute chance de mortalité, payera toujours aux héritiers ou aux ayants droit du père et des enfants, le capital déterminé dans le contrat d'assurance.

Une personne âgée de 35 ans, doit se libérer dans quinze ans d'une dette de 10,000 fr; une *Assurance à terme fixe* lui offre une ressource précieuse. Elle paye une prime annuelle de 538 fr. et soit qu'elle vive, soit qu'elle ait cessé d'exister au terme fixé, elle *recevra* ou elle *laissera* l'argent nécessaire à sa libération.

Les employés peuvent encore recourir fructueusement à ce mode d'assurances en s'imposant quelques privations, ou en mettant chaque année en réserve une somme proportionnée à leur traitement; ils se garantissent un capital qui sera payé à eux mêmes, s'ils sont vivants à l'époque qu'ils auront fixée, ou que leurs héritiers toucheront, s'il mouraient antérieurement.

AGE de L'ASSURÉ.	TABLEAU des primes à payer annuellement pur l'assuré, pendant un certain nombre d'années, pour recevoir lui-même ou pour laisser à ses héritiers un capital de 100 fr. :				
	après 10 ans	après 15 ans	après 20 ans	après 25 ans	après 30 ans
25 ans.	8 f. 51 c.	5 f. 27 c.	3 f. 66 c.	2 f. 70 c.	2 f. 07 c.
30	8 57	5 33	3 71	2 75	2 12
35	8 63	5 38	3 77	2 . 81	2 17
40	8 71	5 47	3 86	2 90	» »
45	8 83	5 61	4 00	» »	» »
50	9 03	5 82	» »	» »	» »
55	9 35	» »	» »	» »	» »

TABLE DES MATIÈRES.

FIN.

Paris. — Imp. L. TINTERLIN et Ce, rue Neuve-des-Bons-Enfants,·3.

PARIS

IMPRIMERIE DE L. TINTERLIN ET Cᵉ,

RUE NEUVE-DES-BONS-ENFANTS,

www.ingramcontent.com/pod-product-compliance
Ingram Content Group UK Ltd.
Pitfield, Milton Keynes, MK11 3LW, UK
UKHW020328130726
13696UKWH00003B/1223